REMARQUES

SUR

LES ZONES LITTORALES

Mémoire communiqué à la Société de Biologie

PAR LE DOCTEUR LÉON VAILLANT,

Docteur en médecine ès sciences naturelles, répétiteur à l'École pratique des hautes études.

AVEC UNE PLANCHE LITHOGRAPHIÉE.

PARIS

ADRIEN DELAHAYE, LIBRAIRE-ÉDITEUR

Place de l'École-de-Médecine.

1872

REMARQUES

SUR

LES ZONES LITTORALES

Mémoire communiqué à la Société de Biologie

PAR LE DOCTEUR LÉON VAILLANT.

AVEC UNE PLANCHE LITHOGRAPHIÉE.

PARIS
ADRIEN DELAHAYE, LIBRAIRE-ÉDITEUR
Place de l'École-de-Médecine.

1872

1348. — Paris. Imprimerie Cusset et Cᵉ, rue Racine, 23.

REMARQUES

SUR

LES ZONES LITTORALES

Les questions relatives à la répartition des espèces animales ont depuis longtemps fixé l'attention des naturalistes et donnent encore lieu à de nombreuses recherches; le sujet est vaste et les conditions auxquelles on doit avoir égard dans la solution des différents problèmes très-variées, aussi ne peut-on espérer arriver que peu à peu à la connaissance de ces faits. En ce qui concerne les animaux marins, on sait aujourd'hui combien sont relativement nettes les limites entre lesquelles s'étendent les différentes réunions d'espèces tant dans le sens horizontal pour les régions géographiques que dans le sens vertical, ce qu'on pourrait appeler les régions bathymétriques. Il est dans ces dernières un point spécial sur lequel des remarques si exactes ont été faites qu'on n'a guère ajouté à ce qui a été écrit à ce sujet, je veux parler des zones littorales, et en venant aujourd'hui insister sur cette question, je désire surtout montrer à quel point de précision arrive la concordance entre l'étude mathématique des marées et celle des stations de certains animaux, et aussi indiquer les conditions très-anormales, au moins en apparence, dans lesquelles se trouvent quelques-uns de ces derniers.

MM. Audouin et Milne-Edwards (1), les premiers, ont commencé

---

(1) Rapport sur trois mémoires de MM. Audouin et Milne-Edvards relatifs aux animaux sans vertèbres des côtes de la France, par M. le baron Cuvier. ANN. SC. NAT., 1re série, t. XXI, p. 326, 1830.

l'étude de ces faits intéressants et l'on peut dire que depuis leurs recherches les observateurs n'ont fait qu'ajouter des détails de moindre importance sans changer au fond rien à ce qu'avaient établi ces savants zoologistes. La division qu'ils ont établie des zones littorales, tout en s'appuyant sur l'examen direct des animaux, repose en même temps sur les données théoriques fournies par l'étude des variations dans les marées. La mer en s'élevant tous les jours au-dessus de son niveau moyen et en s'abaissant d'une quantité correspondante au-dessous de ce même niveau couvre et découvre une certaine portion de la côte. Ce mouvement n'étant pas uniforme, éprouvant des oscillations périodiques, cette portion n'est pas toujours la même et varie suivant les époques : aux marées dites de mortes eaux cette quantité est plus faible, aux marées de vives eaux elle est plus forte, et comme ces phénomènes se succèdent tous les huit jours à peu près, il en résulte que quelle que soit la marée une certaine zone de la côte est couverte et découverte, tandis que tous les quinze jours seulement une zone supérieure est couverte et découverte, une zone inférieure est découverte et couverte; ce sont là les seconde, première et troisième zones de MM. Audouin et Milne-Edwards. Mais de plus, deux fois par an, vers le moment des équinoxes, une marée encore plus forte se produit qui au-dessus de la première zone couvre une portion de la côte, au-dessous de la troisième découvre une partie correspondante; cette dernière constitue pour les auteurs précités la quatrième zone au-delà de laquelle se trouvent les régions ne découvrant jamais. On comprend que ces variations doivent influer puissamment sur les animaux qui y sont soumis et que, suivant ses besoins physiologiques, chacun d'eux doit élire domicile dans une zone où son organisation anatomique puisse satisfaire à ces besoins. A l'appui de ce principe, dans le travail dont je donne ici l'analyse se trouvent énumérés les êtres, qui, suivant la nature des terrains, roches, sables, vases, se rencontrent dans chacune des zones et dont le tableau ci-joint peut donner l'idée :

MM. AUDOUIN ET MILNE-EDWARDS (1830)

		ROCHERS.	SABLES.	VASES.
1re zone.		Balanes.		
2e zone (Varecs).		Turbo. Patella. Purpura. Nassa. Actinia equina.	Talitres. Orchestries. Térébelles. Arénicoles.	Arénicoles Nephthys. Siponcles.
3e zone (Corallines).	Rochers battus.	Mytilus. Patelles.	Bucardes. Vénus. Solen. Térébelles.	Cérithes. Rissoa.
	Rochers abrités.	Anthea cereus. Ascidies composées.		
	Pierres libres.	Étrilles. Porcellanes. Doris. Pleurobranches. Haliotides. Ascidies simples. — composées. Polynnoés. Serpules. Planaires.		
	Interstices.	Éponges. Thethies. Lobulaires. Ascidies.		
4e zone (Laminaires).		Acmæa pellucida. Astéries. Actinies.	Callianasses. Axies. Thies.	
5e zone.		Huîtres. Calyptrées. Peignes. Aphrodites. Portunes. Majas. Grandes astéries.		

En 1835, Sars, dans un de ses premiers ouvrages, publié à Bergen (1), indiqua des résultats tout à fait concordants avec les précédents, fait digne de remarque, la distance en latitude (11° 31') qui sépare les localités étant assez considérable et les faunes suffisamment distinctes pour qu'elles soient en général regardées comme appartenant à deux provinces séparées. La division adoptée par cet auteur correspond d'ailleurs exactement à celle proposée précédemment. Il admet, lui aussi, quatre régions désignées d'après les êtres qui en sont en quelque sorte caractéristiques sous les noms de *regio Balanorum*, *regio Patellarum*, *regio Corallinarum*, *regio Laminariarum*.

Plus tard, Œrsted (2) recherchant la disposition de la faune et de la flore marine dans le détroit de l'Oeresund, partagea un peu différemment les zones, comme l'indique le tableau ci-joint, où les niveaux admis par cet auteur, tant pour les plantes que pour les animaux, sont indiqués en correspondance exacte :

Regio Algarum viridium...............	Regio Trochoideorum.
Sub. reg. Oscillatorinearum.	
— Ulvacearum.	
Regio Algarum olivacearum.	
Sub. reg. Fucoïdarum et Zosteræ marinæ.	
— Laminariearum...............	Regio Gymnobranchiorum.
Regio Algarum purpurearum.	
	Regio Buccinoïdeorum.

Dans ce travail du savant professeur de Copenhague, on ne retrouve pas une division absolument comparable à celle établie par les auteurs précédents, ce qui résulte des conditions très-différentes d'observation. Il faut se rappeler, en effet, que dans les détroits qui font communiquer la mer Baltique et la mer du Nord, les marées sont très-faibles, et même ne se font sentir que dans la partie septentrionale; de plus, la salure des eaux est beaucoup moindre. En ayant égard à ces conditions, on peut reconnaître, par la comparaison des listes détaillées données par M. Œrsted dans l'ouvrage cité,

---

(1) *Beskrivelser og Jagttagelser over nogle mærkelige eller nye i Havet ved den Bergenske Kyst levende Dyr.* Bergen, 1835.

(2) *De regionibus marinis. Elementa topographiæ historico-naturalis Freti Oeresund.* Copenhague, 1844.

qu'il y a grande analogie avec ce qu'ont observé les auteurs précédents; seulement les trois premières zones seraient réunies dans la région dite des Troques; les régions des Nudibranches et des Buccins correspondraient à peu près aux zones quatre et cinq, cette dernière étant toutefois peu développée, ce qu'il faut attribuer sans doute au peu de profondeur de l'Oeresund. Ce travail, où les considérations géologiques et botaniques sont jointes à l'étude des invertébrés marins, est sans contredit le plus complet qui ait été publié sur cette matière.

Plus récemment, Forbes et M. Godwin-Austern, dans leur ouvrage général sur la distribution géographique et bathymétrique des êtres dans les mers d'Europe (1), résumant les travaux publiés sur cette matière et les résultats obtenus par différents naturalistes, relativement aux côtes d'Angleterre, arrivent à une division qui s'écarte peu de celle de MM. Audouin et Milne-Edwards. La région littorale proprement dite comprend quatre sous-régions caractérisées chacune par les espèces végétales et animales suivantes :

1re sous-région. — *Fucus caniculatus*, *Littorina rudis* et *L. neritoïdes*.

2e sous-région. — *Lichina*, *Patella vulgata* (2), *Mytilus edulis*, *Balanus*.

3e sous-région. — *Fucus articulatus*, *F. nodosus*, *Purpura lapillus*, *Littorina littorea*, *Trochus umbilicatus*, *T. crassus* (3), *Actinia equina*.

4e sous-région. — *Fucus serratus*, *Littorina obtusata* (4), *Trochus cinerarius*.

---

(1) *The natural history of the European Seas*, p. 93. Londres, 1859.

(2) Sur les côtes de Bretagne, la disposition des deux plantes citées dans les première et seconde sous-régions n'est pas conforme à ce qui est énoncé dans le travail de Forbes, les *Lichina*, au moins le *Lichina affinis*, sont supérieurs au *Fucus canaliculatus*, lequel est sans aucun doute dans la région des Balanes.

(3) *T. crassus*, *Pull*, *T. lineatus*, *Costa*.

(4) Le texte porte *Littorina neritoïdes*, c'est une faute d'impression, sur laquelle d'ailleurs les mots qui suivent ne laissent aucun doute : exhibiting every colour in its *obtuse* and *thickened* shell.

La région suivante devrait être séparée, et quoique peu étendue en hauteur, pourrait être subdivisée en cinq zones distinguées chacune par une plante spéciale : 1° *Laurencia pinnatifida ;* 2° *Conferva rupestris;* 3° *Chondrus crispus ;* 4° *Himanthalia lorea ;* enfin 5° *Laminaria* et *Zosterea*, ces deux espèces se substituant l'une à l'autre suivant la nature du terrain rocailleux ou sablonneux. Cet ensemble pourrait être désigné sous la dénomination de région sublittorale.

Au delà commence la région marine proprement dite renfermant avec un grand nombre de plantes marines les Nullipores et les Lima.

Cette division ainsi exposée résume les idées de Forbes; dans le livre même, par suite du mode familier d'exposition adopté, elle n'est pas présentée d'une manière didactique aussi absolue, ce qui n'est pas sans nuire à sa clarté. J'ai cru utile de la développer, d'abord parce qu'elle s'applique le mieux aux côtes de Bretagne que j'ai particulièrement étudiées, ensuite pour faire ressortir ce qu'elle présente de conformité avec les divisions de MM. Audoin et Milne-Edwards.

Si l'on néglige, en effet, la division en régions pour ne s'attacher qu'aux sous-régions, on voit que les deuxième, troisième et quatrième sous-régions littorales avec la région sublittorale et la région marine correspondent très-exactement aux cinq zones des auteurs Français. Le groupement en régions peut avoir sa valeur, car les régions littorales plus fréquemment soumises au flux et au reflux ont, par cela même, une sorte de facies commun spécial, tandis que la région sublittorale participant déjà d'une manière notable aux caractères de la région marine se rapproche davantage de cette dernière. Mais la première sous-région littorale, en supprimant toutefois le *Fucus canaliculatus* qui, sur les côtes de Bretagne au moins, ne remonte pas aussi haut que l'indique Forbes, mériterait au même degré d'être distingué. Dans les points où la terre et la mer se rencontrent sans l'intermédiaire de l'eau douce ou saumâtre qui ménage la transition, cette zone est très-remarquable. La végétation y est complétement nulle, ou à peine représentée par quelques Lichina encroûtant les rochers, au-dessus descendent les Lichens, en dessous remontent les algues, ces plantes étant séparées par cet espace également impropre à la vie des unes et des autres. On serait assez embarrassé pour savoir si l'on doit rapporter cette zone aux régions terrestres ou aux régions marines sans la présence des Littorines, qui sont habituelles en ce point et le caractérisent suffisamment. C'est cette zone que, dans une note présentée à la Société philomatique(1), j'ai désignée sous la dénomination de zone zéro à ajouter aux cinq zones de MM. Audoin et Milne-Edwards, dénomination assez en rapport avec ses caractères négatifs; le nom de région subterrestre conviendrait peut-être aussi bien pour indiquer sa concordance avec la région sublittorale.

Il est important de remarquer que si cette dernière emprunte des caractères particuliers à la circonstance au premier abord peu importante d'être découverte seulement deux ou quatre fois dans l'année, c'est au phénomène concordant d'être immergé aux mêmes époques que la région subterrestre doit sa physionomie spéciale, en sorte que le principe *à priori* sur lequel on s'était d'abord appuyé pour établir les zones de répartition des êtres marins en se basant sur les phénomènes physiques des marées, trouve dans ce fait, négligé cependant par ses auteurs, une véritable confirmation. En résumé, en tenant compte des élévations variables de la mer sans avoir égard à la gradation insensible qui les joint les uns aux autres et fait que la marée de vives eaux ne succédant pas brusquemen à la marée de mortes-eaux les régions (pas plus que rien dans la nature) ne sont tellement tranchées qu'il y ait en réalité hiatus. Voici comment, à partir des régions terrestres, les zones animées pourraient être distribuées :

			Régions terrestres.
Pleines mers	d'équinoxe		
		Zone 0	Région subterrestre.
	de vives eaux		
		Zone 1re	
	de mortes-eaux		
Niveau moyen		Zone 2e	Région littorale.
Basses mers	de mortes-eaux.		
		Zone 3e	
	de vives eaux.		
		Zone 4e	Région sublittorale.
	d'équinoxe		
		Zone 5e	Régions marines.

(1) Observations faites à Saint-Malo sur les zones littorales supérieures (Bull. de la Soc. phil. de Paris, nouvelle série, t. VII, p. 144, 1870.)

Les mots de subterrestre, de sublittorale indiquent assez par eux-mêmes qu'il n'y a point là de limite absolue; cependant, telles qu'elles sont, ces distinctions peuvent être d'un grand secours et sont suffisamment nettes dans leur ensemble pour qu'on les reconnaisse au premier coup d'œil dans les points jusqu'ici étudiés. Ils seraient même susceptibles d'être précisés davantage si l'on voulait s'en rapporter à l'observation de certains êtres convenablement choisis.

Un fait très-singulier, et qui paraît en désaccord avec l'organisation et les besoins probables des animaux dont il s'agit, c'est la présence dans la partie la plus élevée de la région littorale, dans la zone première, d'une espèce de Balane, le *Balanus balanoïdes*. Cet être s'y rencontre en extrême abondance, tout en devenant plus rare, au fur et à mesure que l'on s'élève davantage; il y existe presque seul et c'est, comme on l'a vu, sous le nom de *regio Balanorum* que cette zone est désignée dans les travaux de Sars. Cependant, en réfléchissant aux conditions d'existence de ces êtres, on peut s'étonner de les voir dans des points souvent découverts. On sait que ces crustacés, fixés à l'âge adulte, restent enfermés dans leur test lorsqu'ils sont hors de l'eau, en rapprochant très-exactement les pièces valvaires qui en ferment l'ouverture; lorsqu'au contraire ils sont sous l'eau, on les voit faire sortir d'une manière en quelque sorte continue les cirrhes articulés placés sur les côtés de leur face ventrale. Le double mouvement de sortie et d'entrée de ces filaments a pour but de mettre ceux-ci et le fluide cavitaire ou sang qu'ils renferment en rapport avec l'eau oxygénée, et aussi de ramener dans l'intérieur de cette sorte de coquille les particules alimentaires; en un mot de servir à deux des actes vitaux les plus importants, la respiration et la digestion. En somme, hors de l'eau, ces fonctions ne peuvent s'exécuter, surtout la dernière; comment peut-il se faire que des êtres ainsi constitués soient souvent émergés, et combien de temps peut durer cette émersion? Profitant des circonstances favorables dans lesquelles je me suis trouvé, c'est cette seconde partie du problème que j'ai cherché à résoudre par une série d'observations faites pendant les années 1869 et 1870.

La localité dans laquelle j'étais établi, Saint-Malo, outre la hauteur des marées, présente des conditions très-favorables pour cette recherche particulière. Tout le long de la chaussée dite du Sillon, qui réunit aujourd'hui la ville à la terre, en face du parapet placé vers le large, ont été plantés une double rangée de pieux formant une sorte de brise-lame, pieux qui sont des troncs de chêne simplement ébranchés et coupés à longueur. Ils sont couverts de Balanes, et en remarquant sur l'un d'eux le point extrême auquel ces crustacés s'élèvent, il est possible, même lors des plus hautes marées, d'examiner du quai le point où parvient la mer, et de savoir ainsi fort exactement quand ces animaux sont émergés ou immergés.

Au mois d'octobre 1869, j'avais ainsi recueilli une série d'observations journalières présentées à la Société philomatique. Je n'avais apporté à cette étude que peu de précision dans le travail cité plus haut, me contentant de noter chaque fois la distance du point-repère qui indiquait la position des Balanes, par rapport au niveau de l'eau à l'heure du plein, en évaluant à la vue cette distance en décimètres. Pour apprécier le résultat après avoir établi la courbe graphique des marées d'après l'annuaire de M. Gaussin, j'avais reporté les distances observées sur ce tracé. Diverses causes d'erreurs devaient influencer le résultat : d'abord l'évaluation de la hauteur était prise d'une manière trop peu exacte ; en second lieu, la hauteur du tracé des marées, d'après le calcul, ne pouvait être regardée comme répondant exactement au niveau observé réellement par suite de l'influence du vent, soit comme aidant ou contrariant l'élévation des eaux, soit surtout par l'agitation variable qu'il produit à la surface. Aussi dans le tracé ainsi obtenu, les points indiquant la position du repère, au lieu de se trouver sur une même ligne, étaient tantôt plus haut, tantôt plus bas, la différence pouvant être de 4 décimètres en plus ou en moins. Toutefois admettant que les erreurs, dans une série de vingt-cinq observations, s'étaient jusqu'à un certain point contre-balancées, je crus pouvoir avancer que le niveau extrême auquel parvenaient les Balanes devait être fixé à environ 115 décimètres au-dessus de zéro, adopté dans les cartes marines françaises, niveau qui me parut fort remarquable, en ce qu'il correspondait presque exactement au niveau des plus basses mers de vives eaux.

Au mois d'août dernier, ces observations furent reprises en essayant d'éliminer autant que possible les causes d'erreurs indiquées plus haut, ce que je cherchai à obtenir en relevant avec plus de soin la situation exacte des Balanes et le niveau de l'eau. Pour cela, je notai sur l'un des pieux le point exact auquel remontaient ces animaux, et un repère bien visible et solide (une rondelle de fer-blanc fixée par un clou), fut mis du côté du quai. Il faut remarquer que les Balanes remontent en général plus haut du côté de la pleine mer, sans doute parce que la vague, y frappant avec plus de violence, s'élève davantage. Quant à la manière de relever le niveau de l'eau, je dessinai, aussi exactement que possible, la silhouette du piquet choisi avec son irrégularité; les loupes, les accidents nombreux de sa surface donnaient autant de facilités pour apprécier la hauteur atteinte par l'eau. Il m'a paru essentiel, pour ce dernier point, de distinguer ce qui est absolument immergé au moment de la pleine mer et ce qui est simplement mouillé par éclaboussement de la vague. Dans chacune des observations j'ai relevé cette différence aussi soigneusement que possible; la teinte des pieux, blanche lorsqu'ils sont secs, brune lorsqu'ils sont mouillés, rend du reste l'appréciation assez facile. Enfin, au point de vue des conditions d'existence de ces crustacés inférieurs, j'ai cherché à apprécier un troisième cas intermédiaire à l'immersion et à l'éclaboussement, c'est celui où la vague étant ce qu'on appelle *ronde*, se compose d'une succession d'ondes égales, alternativement convexes et concaves, de telle sorte que les Balanes, lorsque ce phénomène se présente à leur niveau, sont tantôt couvertes, tantôt découvertes, mais d'une manière régulière. On comprend, étant connues les habitudes de ces êtres, qu'ils se trouvent dans ce dernier cas dans des conditions, sinon favorables, au moins possibles d'existence, tandis que s'ils sont simplement aspergés par l'eau, ces conditions ne sont que très-incomplétement remplies.

Dans le tableau ci-joint (1) j'ai cherché à figurer le résultat de ces observations. Chacune des colonnes représentant un des jours du mois porte, au-dessous du chiffre indiquant le quantième, l'heure des pleines mers et la hauteur indiquée par chacune d'elles dans l'ANNUAIRE DES MARÉES; sur le tronc d'arbre, figuré d'après le dessin que j'en avais relevé à la chambre claire, est marqué par une croix le niveau auquel atteignent les Balanes les plus élevées, niveau extrême dont je me suis exclusivement occupé. Au-dessous est indiquée l'heure à laquelle ont été relevées les observations. Enfin j'ai cru qu'il ne serait pas inutile d'ajouter les remarques que j'avais pu faire sur le temps, l'agitation de la mer, etc., pour que le lecteur

(1) Pl. V, *fig.* 1.

connaisse aussi complétement que possible la manière dont a été dirigée cette étude.

Sur le piquet, dans chacune des colonnes, sont marquées par des notations distinctes la portion complétement immergée au moment de l'observation, la portion mouillée, enfin la portion émergée. Pour faire comprendre les différences qui peuvent résulter, pour la portion, intermédiaire, de la vague ronde ou brisée, une ligne indique ce qu'on pourrait appeler le niveau moyen d'immersion. Si la vague est ronde, l'onde convexe et l'onde concave se succédant, comme je l'ai dit plus haut, régulièrement, cette ligne se trouve à une distance du niveau d'immersion complète telle qu'elle laisse au-dessous d'elle la partie découverte lors du passage de l'onde concave, au-dessus on doit supposer à une distance égale la portion couverte lors du passage de l'onde convexe. Ceci peut être très-régulier si le mouvement de l'eau est calme, par exemple pour le 2 et le 11 du mois; mais d'autres fois, ainsi le 26, il y a en même temps une agitation telle qu'il y a de l'eau projetée qui mouille beaucoup plus haut que le point ou s'élève l'onde convexe. Ces observations étant, je crois, les premières faites dans cette direction, il n'est peut-être pas inutile de les rapporter avec tous leurs détails pour que les naturalistes qui voudraient en faire d'analogues puissent les modifier comme il le jugeront convenable.

D'après le tableau, on voit que le 1er du mois les Balanes notées ont pu être mouillées, mais non immergées; depuis le 2 jusqu'au 9 elles ont été hors de l'eau; mouillées de nouveau du 10 au 14, toutefois par simple aspersion, excepté le 11 où la vague les immergeait la moitié du temps au moins. Du 15 au 25 ces animaux ont été à sec, puis mouillés du jour suivant à la fin du mois, et cette fois complétement sous l'eau, sauf le 26 où la vague seule les couvrait. Ainsi, pendant un mois ou la marée était assez forte, sur trente et un jours ces Balanes n'ont été complétement sous l'eau, d'après les observations, que cinq fois, mouillés par la vague ronde deux fois, par aspersion cinq fois. Pour plus d'exactitude il faudrait doubler ces nombres, puisqu'il y a deux marées à peu près par vingt-quatre heures; cependant c'est encore bien peu de temps à ce qu'il semble, pour les besoins de ces animaux.

Il faut encore se souvenir que non-seulement ils ne sont immergés que quelques jours par mois, mais encore que cette immersion dure peu de temps chaque jour puisqu'elle n'a guère lieu que pendant l'étal du plein. J'ai cherché à voir quelle pouvait être la durée de cette immersion par le calcul en supposant que le niveau auquel celle-ci avait lieu était ce niveau de 115 décimètres déduit de mes premières observations, chiffre qui, comme tend à le confirmer le tableau détaillé ci-dessus, exprime assez exactement le point auquel, en effet, parviennent les Balanes. Si l'on calcule les hauteurs successives de la mer pendant une marée en cherchant à préciser surtout le moment où elle atteint et quitte ce niveau de 115 décimètres, la différence des heures donnera approximativement la durée d'immersion. C'est ce que j'ai tenté de faire en choisissant la plus forte marée du mois d'août 1870 dans la nuit du 29 au 30; la courbe qui la représente fera encore mieux comprendre le résultat. On y voit (1) que la mer basse à deux heures vingt-neuf minutes du soir n'atteint le niveau admis qu'à six heures cinquante-cinq minutes, continue à s'élever jusqu'à sept heures cinquante-sept minutes et retombe à 115 décimètres à neuf heures pour revenir au plus bas à deux heures quarante-huit minutes. Ainsi, sur une période d'un peu plus de douze heures, ces animaux n'auraient guère été sous l'eau que pendant deux heures cinq minutes; environ le sixième du temps. Il y a dans le mois dix-neuf marées égales ou supérieures au niveau de 115 décimètres; en prenant le chiffre de deux heures, sans doute trop fort en moyenne, pour le temps d'immersion, les Balanes pourraient respirer librement et se nourrir pendant trente-huit heures par mois, en chiffre rond très-peu plus du vingtième du temps. Et encore le mois choisi n'est pas des plus défavorables, car en examinant le tracé qui représente la hauteur des pleines mers pour l'année 1870 (2), on verra qu'en août les marées étaient moyennes et que le niveau de 115 degrés a été dépassé aux deux marées de vives eaux, tandis que parfois, comme en juin, juillet, décembre, l'une des marées ne l'atteint pas, les niveaux étant de 112 à 114 décimètres.

Il est inutile de pousser plus loin ces calculs qu'on ne peut présenter d'ailleurs qu'avec réserve; ils sont toutefois suffisants, je crois, pour démontrer les conditions inattendues dans lesquelles se trouvent ces crustacés.

---

(1) Pl. V, *fig*. 2.
(2) Pl. V, *fig*. 3.

Une idée qui découle naturellement des observations précédentes était de chercher par la voie expérimentale le temps pendant lequel le *Balanus balanoides* peut rester vivant hors de l'eau. Dans un ouvrage consacré à l'étude des Cirrhipèdes, M. Darwin (1) rapporte un fait qui lui avait été fourni par un M. Thomson. Celui-ci ayant par hasard conservé quelques exemplaires de ces Balanes dans une boîte mise dans une chambre chauffée, les avait retrouvées vivantes sept jours plus tard.

La méthode d'expérimentation est par conséquent fort simple. J'ai pris sur un des pieux un fragment d'écorce sur lequel se trouvaient des Balanes; en le plaçant sous l'eau dans un petit cristallisoir, j'examinai les individus qui étaient vivants, c'est-à-dire qui faisaient sortir leurs cirrhes, les autres furent supprimés; il en restait vingt-quatre dont je notai avec soin la position. Cette observation préparatoire fut faite le 20 août. Dix jours après, le 30, tous les individus étaient encore vivants, c'est-à-dire faisaient sortir leurs cirrhes; ce caractère m'a paru le seul certain. Dans l'espèce observée, pour faire sortir ses appendices articulés, l'animal entr'ouvre d'abord les valves qui ferment en haut sa coquille, l'orifice paraît alors bordé en dedans d'une bande d'un blanc d'argent. Il est grandement probable dans ce cas que l'individu est vivant; si on le touche en effet avec précaution on voit les valves se refermer et la bordure disparaître. Il faut toutefois ne pas enfoncer trop avant l'instrument, sans cela la pression sur les parties profondes peut produire mécaniquement la fermeture des valves. C'est pourquoi, malgré cette présomption, je n'ai regardé comme vivant en réalité que les individus dont les cirrhes étaient actifs, laissant dans le doute ceux dont les valves s'entr'ouvraient seulement. Le 13 septembre, quatorze jours plus tard, l'expérience répétée fit voir qu'il y avait encore dix-neuf individus actifs et cinq morts; ils furent laissés sous l'eau une heure et demie. Abandonnés jusqu'au 27 octobre, quarante-quatre jours après la précédente expérience, treize Balanes étaient encore vivantes; une s'est simplement entr'ouverte; les dix autres n'ont pas donné signe d'activité. Dans l'intervalle des immersions le fragment de bois était placé sous une cloche entourée d'eau pour mettre les animaux à l'abri de la dessic-

---

(1) *A Monograph of the Sub.-class Cirrhipedia with figures of all the species*, London. 1854, p. 272.

cation; le liquide ne pouvait les atteindre, et leur aurait été d'ailleurs plus nuisible qu'utile puisque c'était de l'eau douce.

En résumé, ces observations conduisent aux conclusions suivantes :

1° Le *Balanus balanoïdes*, malgré son genre de vie qui semble réclamer un séjour prolongé sous l'eau, reste à sec dans certains cas un temps considérable que j'évaluerais à dix-huit ou dix-neuf vingtièmes.

2° Ce chiffre est obtenu en admettant qu'à Saint-Malo ces animaux s'élèvent à la hauteur de 115 décimètres au-dessus du zéro des cartes marines. Cette limite est plutôt trop forte, mais ne peut guère être moindre que de 112 décimètres; c'est dans ces hauteurs qu'arrivent les plus basses mers de vives eaux. On pourrait en déduire, si l'observation se généralisait, que le point supérieur de la zone littorale première (*regio Balanorum*, Sars) doit, dans un point donné, être fixé au niveau des plus basses mers de vives eaux, et réciproquement que ce niveau peut, sur les côtes rocheuses, être établi par le point extrême où parviennent les Balanes.

3° L'expérience prouve que ces animaux peuvent rester au moins quarante-quatre jours hors de l'eau, s'ils sont à l'abri de la dessiccation.

Une question fort intéressante, que je n'ai pu malheureusement étudier jusqu'ici, serait de savoir les dispositions anatomiques qui permettent à cette espèce de Balanes de s'élever aussi haut, quoiqu'on la rencontre également très-bas; toutes les autres espèces, dans ce même genre, recherchent des zones plus profondes, la plupart même les régions marines proprement dites. Il est probable que certaines modifications organiques rendraient compte de cette différence.

Avant de terminer et en rapport avec la seconde conclusion posée dans ce résumé, je ferai remarquer que les animaux absolument sédentaires, c'est-à-dire qui passent la plus grande partie de leur vie fixés sur un point, sont les êtres qui fourniront peut-être les repères les plus avantageux pour fixer les zones littorales ou marines. Cette condition fait d'abord que là où on les rencontre, là on sait qu'ils vivent d'habitude, ce qui est parfois douteux pour les autres animaux. Les plantes, il est vrai, présentent le même avantage; mais précisément parce que chez elles cette immobilité est la règle, elles fournissent des exemples moins frappants.

PLANCHE

2

EXPLICATION DES FIGURES.

Fig. 1. — Tracé des observations journalières faites à Saint-Malo au mois d'août 1870 indiquant la hauteur de l'eau au moment du plein, et le niveau des Balanes les plus élevées.

La croix placée sur le pieu indique le point extrême auquel atteignent les Balanes. La portion du pieu marquée de hachures horizontales est complétement immergée; celle marquée de hachures verticales est ou mouillée simplement, lorsque la mer éclabousse, ou alternativement couverte et découverte, lorsque la vague est ronde. La ligne noire indique le niveau qu'on peut regarder comme niveau d'immersion complet ou moyen.

Dans chaque colonne sont placées, à la partie supérieure, les heures du plein, matin et soir, avec les hauteurs en décimètres, d'après l'Annuaire des marées de M. Gaussin; en bas se trouvent l'heure de l'observation et quelques remarques sur l'état de la mer.

Fig. 2. — Hauteurs de la mer à toutes les heures (excepté pour le niveau de 115 décimètres) pendant la plus forte marée du mois d'août 1870 à Saint-Malo, calculées d'après les tables de l'Annuaire de M. Gaussin.

Le niveau de 115 décimètres, qu'on peut regarder comme le point extrême auquel parviennent les Balanes, est indiqué par une ligne transversale pour faire apprécier le temps d'immersion.

A droite sont marquées les hauteurs en décimètres.

Fig. 3. — Tracé des hauteurs des pleines mers à Saint-Malo pendant l'année 1870, d'après l'Annuaire de M. Gaussin.

Le niveau de 115 décimètres est indiqué comme dans la figure précédente.

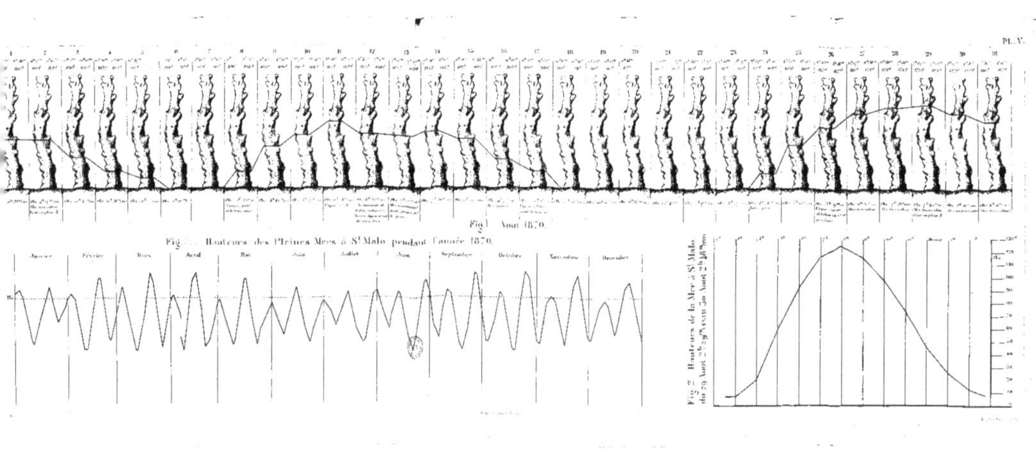

Fig. 1. Août 1870.

Fig. 3. Hauteurs des Pleines Mers à St Malo pendant l'année 1870.

Fig. 2. Hauteurs de la Mer à St Malo du 29 Août 2h 29m soir au 30 Août 2h 46m

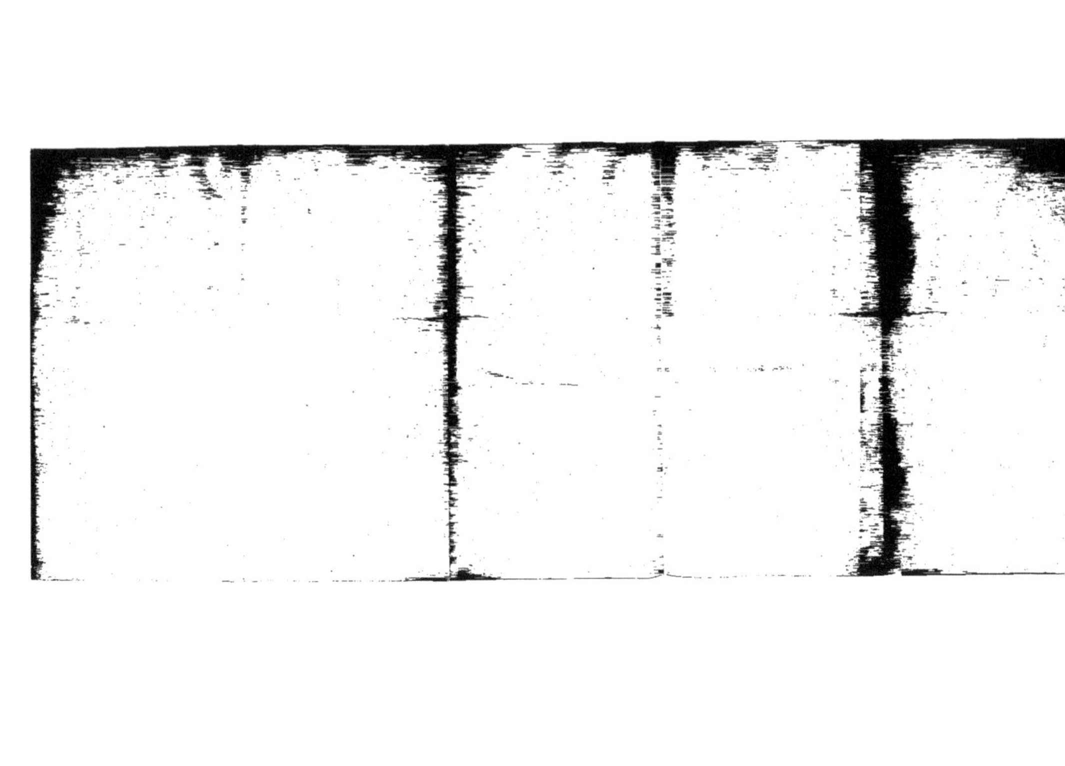

BIBLIOTHEQUE NATIONALE DE FRANCE
3 7531 04125909 5

www.ingramcontent.com/pod-product-compliance
Ingram Content Group UK Ltd.
Pitfield, Milton Keynes, MK11 3LW, UK
UKHW012308240726
13966UKWH00004B/1735

9 782011 907165